鸟儿的繁衍密码

杜思凯 / 撰文 韩永祥 / 绘图

译林出版社

图书在版编目（CIP）数据

鸟儿的繁衍密码 / 杜思凯撰文 ; 韩永祥绘图.
南京 : 译林出版社, 2025. 8. -- (遇见自然 / 张燕宁主编). -- ISBN 978-7-5753-0836-6

Ⅰ. Q959.7-49

中国国家版本馆 CIP 数据核字第 202547HV61 号

鸟儿的繁衍密码　杜思凯 / 撰文　韩永祥 / 绘图

丛书策划　张　洁
丛书主编　张燕宁
责任编辑　宋　旸
装帧设计　侯海屏
校　　对　吴　峰
责任印制　单　莉

出版发行　译林出版社
地　　址　南京市湖南路 1 号 A 楼
邮　　箱　yilin@yilin.com
网　　址　www.yilin.com
市场热线　025-86633278
印　　刷　南京爱德印刷有限公司
开　　本　889 毫米 ×1194 毫米　1/16
印　　张　4
版　　次　2025 年 8 月第 1 版
印　　次　2025 年 8 月第 1 次印刷
书　　号　ISBN 978-7-5753-0836-6
定　　价　59.00 元

目 录

繁殖是鸟儿的本能 ………………………………/2

各显神通的求偶方式 ………………………………/4

奇形怪状的鸟巢 ………………………………/22

另辟蹊径的孵卵育雏方式 ………………………………/42

早成雏和晚成雏 ………………………………/54

需要了解的词汇 ………………………………/56

作者简介 ………………………………/57

繁殖是动物的本能，鸟儿也不例外。每当繁殖季节到来时，鸟儿们便开始忙碌起繁殖的各项活动：筑巢、求偶、孵化、育雏……

麻雀

Passer montanus

繁殖是鸟儿的本能

各显神通的求偶方式

在交配前或交配期，雄鸟会通过各种鸣叫和动作吸引雌鸟，这种行为被称为求偶炫耀。其形式包括鸣叫、展示体色、身体接触、特定姿势、特殊动作（如舞蹈、婚飞、喂食等）、装饰求偶场等，且通常为多种方式结合。

云雀通常在飞行中高唱，鸣声清澈悦耳，如同潺潺流水，故名“叫天子”。

蒙古百灵外形似麻雀。雄鸟常立于高处或在高空边飞边鸣，叫声婉转多变、声音嘹亮，可以传到很远的地方。

白腹锦鸡

Chrysolophus amherstiae

红腹锦鸡求偶时，会有一只或多只雄鸟围绕着雌鸟转圈，同时侧过身子展示自己的羽毛，还会把颈部的金色羽毛展开成半月形。

白腹锦鸡的求偶动作和红腹锦鸡差不多，也会用类似的方式吸引异性。

红腹锦鸡

Chrysolophus pictus

白冠长尾雉

Syrmaticus reevesii

白冠长尾雉的雄鸟在求偶时，会微微垂下一侧翅膀，蓬松起颈部的羽毛，一边不断点头啄地，一边发出“咕，咕，咕”的低鸣，同时向雌鸟展示自己超长的尾羽。

在古代，武将们为了显得威风，会把白冠长尾雉的尾羽插在头盔上作为装饰，看起来格外英武。后来，戏曲艺人借鉴了这种做法，将白冠长尾雉尾羽（即“雉翎”）用作戏曲舞台上武将头冠的重要装饰。

白冠长尾雉曾经在很多地方都能见到。但现在，由于适合它们生存的栖息地变得破碎、面积缩小，再加上过度捕猎，它们的生存状况十分危急。好在越来越多的人已经意识到保护它们的重要性，开始行动起来。

绿孔雀

Pavo muticus

蓝孔雀

Pavo cristatus

绿孔雀的求偶行为是大家最熟悉的。

雄性绿孔雀全身羽毛翠绿，还泛着紫铜色的光泽，头顶上立着一撮冠羽，就像戴了一顶小帽子。它们最奇特的是尾巴上的覆羽，足足有 1 米长！每根尾上覆羽末端都有蓝色和翠绿色交杂的眼状斑，羽枝松散开来，就展现出华丽的“尾屏”。雌性绿孔雀和雄性绿孔雀长得很像，不过没有长长的尾羽。

到了繁殖期，雄性绿孔雀的羽毛会变得格外艳丽。它们总是追着雌性绿孔雀跑，然后“唰”地把尾屏展开，一边展开还一边抖动，羽毛摩擦碰撞，发出“沙沙沙”的声音，就像在给雌孔雀表演专属的“羽毛舞会”。有时候，雄孔雀之间还会为了争夺雌孔雀打架呢！

蓝孔雀的求偶方式和绿孔雀差不多，就连孔雀的近亲孔雀雉，求偶时也是这样热闹又有趣！

海南孔雀雉

Polyplectron katsumatae

凤头䴙䴘（pì tī）

Podiceps cristatus

不同种类的䴙䴘都有其独特的求偶舞蹈。凤头䴙䴘作为䴙䴘科的代表鸟类，当遇见心仪对象时，雄性会像翻花一样打开翅膀，以此吸引雌性。

两只相互倾慕的凤头䴙䴘，在悠游过程中会突然停下，深情对视。

当雄性和雌性凤头䴙䴘“看对眼”后，就会开启一场精彩的求偶表演——“爱情探戈”。它们会把冠羽蓬松地竖起来，头部快速扭来扭去，然后转头梳理背部的羽毛。这些动作很有节奏感，非常有观赏性。

确定配偶关系后，雄鸟和雌鸟会一起潜入水底衔取水草。接着，它们衔着水草回到水面，各自低着头，从相反方向朝着对方快速冲去。然后双双直立在水面上，用胸部互相碰撞。如此反复几次后，求偶仪式就完成了。

丹顶鹤

Grus japonensis

丹顶鹤求偶时，雄鸟常常会发出高亢的鸣叫。它们嘴尖朝上，昂起头颈，仰向天空，双翅竖起，唱出“呵，呵，呵”的嘹亮歌声。雌鸟听到后，也会高声回应。

随后，雄鸟和雌鸟会互相应答、跳跃并起舞。它们的舞姿十分优美：时而伸长脖颈昂起头，时而弯曲膝盖俯下身，时而在原地轻轻踏步，时而纵身跃向空中，有时还会叼起小石子或小树枝抛到空中。

普通翠鸟

Alcedo atthis

繁殖季节，雄性普通翠鸟会捉鱼送给雌鸟。如果鱼的大小合适，雌鸟就会欣然接受这份礼物；若大小不合适，雌鸟则会不理不睬。这是对雄鸟捕鱼能力的考验，因为雏鸟无法吞下过大的鱼。

雌鸟接受小鱼后，会“开心地”昂起头。

蓝喉蜂虎

Merops viridis

雄性蓝喉蜂虎求偶时也会给雌鸟送“礼物”，礼物是被摔死的小蜜蜂。

中华凤头燕鸥

Thalasseus bernsteini

中华凤头燕鸥是极度濒危的鸟类，雄鸟在求偶时送小鱼的动作显得极为“绅士”。

大斑啄木鸟
Dendrocopos major

繁殖季节里，雄大斑啄木鸟常常用喙快速敲击树干，发出连续的“咣咣咣”响声，以此吸引雌鸟注意。这种通过敲击树干发声求偶的方式，在鸟类中并不常见。

有时会有两只雄鸟为了赢得雌鸟青睐而大打出手，它们互相扭打、上下翻飞、边飞边叫，直到其中一只被赶走才会罢休。

军舰鸟是“飞行冠军”，特别擅长飞行，甚至能连续在空中飞几十天。不过它们不会游泳，常常抢夺其他鸟类的食物，所以有个“强盗鸟”的外号，名声不太好。

军舰鸟的求偶方式很特别：求偶时，雄鸟会趴在选好的位置上，抬头让上下嘴片不断碰撞，发出“嗒、嗒、嗒”的声音。同时，它们会大口吸气，让脖子下面的喉囊慢慢鼓起来，变成一个鲜红的“大气球”。雌鸟就在这样的雄鸟中挑选自己喜欢的配偶。

一般来说，喉囊最大、最红，声音最响亮的雄性会优先获得青睐。

蓝脚鲣鸟

Sula nebouxii

雄性蓝脚鲣鸟的求偶方式十分有趣：它们会不停地一左一右轮流抬起那双醒目的蓝色大脚，同时张开并上扬双翅，用滑稽搞笑的动作吸引雌鸟注意。这双蓝脚的颜色来源于它们的食物——沙丁鱼中的特殊物质。脚的蓝色越深，说明雄鸟的身体越强壮。

更特别的是，蓝脚鲣鸟不像其他鸟类用身体孵卵，而是用那对漂亮的大脚蹼护住鸟卵，通过脚蹼的温度孵化，直到小生命破壳而出。

非洲鸵鸟

Struthio camelus

繁殖季节来临时，雄性非洲鸵鸟会追逐雌鸟，展示健壮的体魄。追上后，雄鸟会蹲伏在地，高抬翅膀和尾部，同时头颈左右晃动，以独特的舞蹈姿态向雌鸟献殷勤。

奇怪形状的鸟巢

鸟巢是鸟类为繁殖活动专门构筑的独特栖息结构，主要用于存放鸟卵和养育雏鸟。它不仅能让鸟卵集中，便于孵化，还能起到保温作用。更重要的是，鸟巢能保护亲鸟、鸟卵和雏鸟免受天敌侵害，因此安全性和隐蔽性至关重要。由于鸟类习性各异，它们建造的巢穴也各具特色。

中华攀雀

Remiz consobrinus

中华攀雀的雄鸟会收集杨絮、植物茎纤维等作为筑巢材料。它们先在细软的枝条末端，用树皮纤维和羊毛打个结，作为巢的悬挂点。然后以此为起点，织出一个纵向圆环，再从圆环开始织成半球形的提篮状结构，最终织成顶端留有左右两个对称圆形小孔的袋状巢。

每年初夏，雄鸟会先占据合适的区域，选择临水高大树木下垂的枝条末端筑巢。

巢搭建到一半时，雄鸟会在树冠枝叶间和巢中持续鸣叫，以此吸引雌鸟。当单身雌鸟路过时，会仔细审视雄鸟的筑巢成果，如果感到满意，便会与雄鸟结为伴侣，共同完成巢穴的搭建。

长尾缝叶莺筑巢时，会挑选一两片大小合适的大叶片，用菲草丝等作为“线”，将叶片边缘细细缝合，做成口袋状的巢。

正在“穿针引线”的长尾缝叶莺。

长尾缝叶莺会在巢内部铺上棉絮、羽毛等柔软的材料。这样的小巢既隐蔽又能遮风挡雨，还节省时间和精力。整个筑巢过程中，它们以喙代针，巧妙地穿针引线，完成缝合，“缝叶莺”的名字由此而来。

喜鹊

Pica serica

多数鸟类只在繁殖季节筑巢，喜鹊却在冬季就开始衔枝营巢。它们通常把巢建在杨树等高大乔木上，有时也会选择电塔等人工建筑。

喜鹊每年都会维修旧巢，或在周围树上搭建新巢，甚至会在旧巢上方叠加新巢，形成“鸟界楼房”。

喜鹊的巢主要由枯树枝构成，远看像一堆杂乱的树枝，内部结构却十分精巧：巢近似球形，有顶盖，仅留一个斜向下的出入口。巢的外层由枯树枝交叉搭建，非常结实；中间一层用杂草和泥土堆砌；最内层则铺垫着纤维、兽毛和羽毛等柔软物质。

金腰燕的巢大多建在屋檐下、天花板或房梁上。它们用泥丸黏合成半个曲颈瓶状或葫芦状的巢，还常常将旧巢修理后继续使用。

金腰燕
Cecropis daurica

家燕的巢开口向上，像个平底小碗，筑巢时会加入较多草茎等材料。

家燕
Hirundo rustica

家燕和金腰燕并不是简单地将泥丸堆砌在一起，而是通过头部的高频振动，使泥丸与巢体牢牢地黏合成一个整体。

爪哇金丝燕的巢俗称“燕窝”，它们通常在崖隙、天然岩洞或人类居住的房屋中筑巢，用唾液腺分泌的胶质黏液混合其他物质筑成白色半透明的杯状巢。

蓝翡翠

Halcyon pileata

蓝翡翠会在土崖壁或河流堤坝上筑巢，亲鸟共同用嘴挖掘出隧道式洞穴，深度可达 60 厘米，洞穴末端扩宽形成巢室。巢内一般不铺垫任何材料，卵直接产在巢室地面上。

蜂虎科鸟类也会在土崖上打洞筑巢，不过有些种类（如栗喉蜂虎）颇具“群居意识”—— 它们会集体筑巢，形成鸟类世界里的“小区”。

栗喉蜂虎

Merops philippinus

冬天的小䴙䴘非常朴素。

小䴙䴘

Tachybaptus ruficollis

小䴙䴘通常会在远离岸边，且有芦苇、灌木丛和水草的开阔水域中营造浮巢。它们以高出水面的植物作为掩护，用各种水草互相堆叠缠结筑巢。

它们的巢为倒圆锥形，高出水面 5—6 厘米，顶部是微微凹下的坑，乍一看像是一堆随意堆叠的乱草。巢的水下部分缠绕在水草或芦苇上，可随水位上下浮动，并能小幅度摆动，不易被风吹远。

星头啄木鸟

Yungipicus canicapillus

星头啄木鸟是初级洞巢鸟类，即自己挖洞、啄洞做巢的鸟类。它们大多营巢于心材腐朽的树干上，巢位较高。雌雄亲鸟一起用喙啄巢洞。洞底不铺设内垫物，鸟蛋直接产在洞底。

大山雀

Parus major

大山雀属于次级洞巢鸟类，即不会自己挖洞做巢，而是“借用”现成的洞来做巢的鸟类。它们通常在天然树洞里筑巢，也会利用啄木鸟废弃的巢洞、人工巢箱，有时还会在土崖或石隙中营巢。

大山雀的巢呈杯状，外壁主要由苔藓构成，常混杂着地衣和细草茎，巢内则垫有兽毛和鸟类羽毛。筑巢由雌雄鸟共同完成，以雌鸟为主。雌鸟有时甚至会边筑巢边产卵。

苍鹰

Accipiter gentilis

苍鹰通常在4月下旬

迁徙回中国东北地区的山林。

它们一般会在密林僻静处的高大树木上筑巢，且常常利用旧巢进行翻新。筑巢的材料主要为桦树、糠椴、山榆的新鲜枝叶，以及少量羽毛。

产卵后，苍鹰仍会继续修缮巢穴。雏鸟出壳后，随着幼鸟的不断成长，亲鸟修缮巢穴的速度也会加快，而幼鸟也会在这一过程中学习筑巢技能。

红隼是市区常见的小型猛禽，筑巢习性灵活多样：它们通常在悬崖、树洞等处营巢，有时会直接侵占喜鹊、乌鸦等鸟类的旧巢，甚至会在市区高楼的阳台等地安家。值得注意的是，红隼没有明显的主动筑巢行为，更多是利用现有环境或其他鸟类的巢穴完成繁殖栖息。

红角鸮（xiāo）

Otus sunia

同为猛禽的鸮形目鸟类筑巢方式极为简陋。以雕鸮为例，它们通常将巢筑于大树洞、悬崖峭壁的凹处，甚至直接在地面产卵——雌鸟仅用爪刨出一个小坑，巢内不铺垫任何材料，产卵后才垫以少量绒羽。巢的大小完全取决于营巢环境，毫无固定规格可言。

黄胸织雀

Ploceus philippinus

黄胸织雀常成群营巢于树上。雄鸟筑巢时，先以叶片丝在枝条上缠绕编织巢柄，随后向下编织实心巢颈，再逐渐扩大成圆形并继续向下延伸。它们的巢以独特的悬垂形态著称，由撕成线条状的草叶或水稻叶编织而成，结构精巧、形状奇特，呈袋状或梨状，悬吊于乔木侧枝上。

当雌鸟选中某个巢后，便与筑巢的雄鸟配对，共同完成球形产卵室和巢底侧面漏斗状出入口的建造。

黄胸织雀实行一雄多雌制：交配后，雌鸟开始孵卵时，雄鸟就会离开，转而营造新巢以吸引其他雌鸟交配产卵。雌鸟则独自承担孵化和育雏任务。

雄鸟吸引雌鸟时，多站在已筑好的半个巢上，一边快速扇动双翅，一边发出带有喘息声的独特鸣叫。

另辟蹊径的孵卵育雏方式

鸟类通过产卵、孵卵繁殖后代，孵卵能否成功是繁衍的关键。亲鸟通常会选择安全适宜的孵化环境，产卵后用体温孵化，并定时翻蛋，以确保蛋内温度均匀。鸟类的孵卵方式主要有双亲孵卵、单亲孵卵和群体孵卵等。例如，家鸡采用单亲孵化、同步孵化的方式完成繁殖过程。

家鸡
Gallus gallus domesticus

大部分鸟类会在产齐或接近产齐卵后集中孵化，称为同步孵化。而部分鸟类（如鹦鹉、猫头鹰等）则在产下第一枚卵后便立即开始孵化，直至所有卵孵化完成或超过孵化期才停止，称为异步孵化。异步孵化使不同卵的孵化时间存在差异，雏鸟出壳的时间也相应错开。

虎皮鹦鹉的孵化方式为双亲孵化、异步孵化。

虎皮鹦鹉
Melopsittacus undulatus

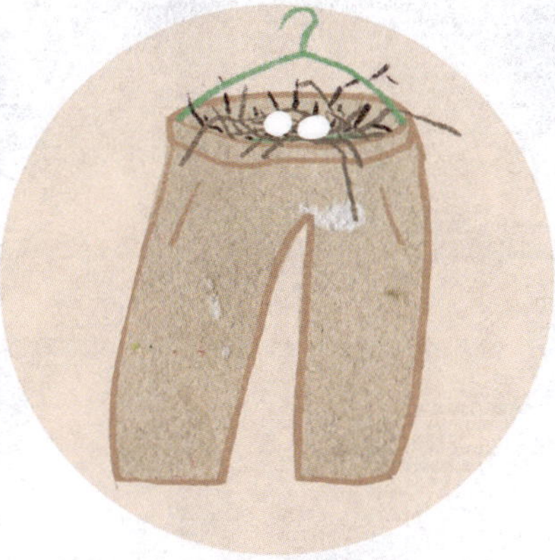

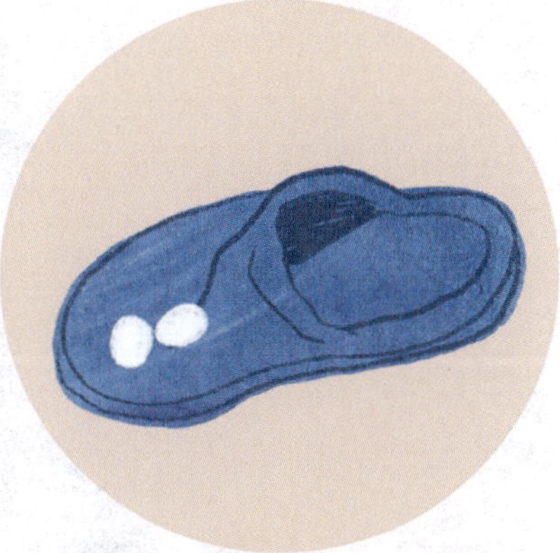

有些鸟类的雌雄亲鸟会共同承担孵卵任务，但雄鸟的耐心通常不如雌鸟，孵化时长也较短，珠颈斑鸠便是典型例子。

城镇中的珠颈斑鸠常将巢筑在人工绿化带的树上，或高层居民楼的外窗台、空调外机支架等处。孵卵期间，雌雄斑鸠会轮流承担任务，以雌鸟为主导。雏鸟出壳后，亲鸟会分泌鸽乳进行哺育，且雌雄亲鸟会交替入巢暖雏和喂养幼鸟。

珠颈斑鸠

Spilopelia chinensis

双角犀鸟

Buceros bicornis

有些鸟类的孵卵任务由雌鸟单独承担，孵卵期内雄鸟主要负责为雌鸟觅食以补充能量，双角犀鸟便是典型例子。

双角犀鸟通常在森林中高大乔木的天然树洞内筑巢。雌鸟产卵后，雄鸟会衔来泥土将洞口封闭，仅留一个小孔供雌鸟呼吸、接收食物及排泄。这一行为宛如自然界的“金屋藏娇”——雌鸟在封闭的树洞内安心孵卵，雄鸟则在外持续提供食物。当幼鸟逐渐长大，洞内空间变得拥挤时，雌鸟才会破洞而出，与雄鸟共同觅食喂养幼鸟，直至幼鸟具备独立生存能力。

彩鹬（yù）

Rostratula benghalensis

彩鹬是一种十分神奇的鸟类，是非常少见的雌鸟比雄鸟漂亮的鸟类。它们的雌雄任务互换，繁殖季节雌鸟常为争夺雄鸟而争斗。

作为“一妻多夫制”的鸟类，彩鹬有着独特的繁衍方式：一只雌鸟与数只雄鸟交配，产数窝卵并由不同雄鸟分别孵化。孵卵、育雏全程由雄鸟独自完成。彩鹬雏鸟为早成雏，出壳一小时就能晾干羽毛，跟随雄鸟出门觅食、活动。

大杜鹃

Cuculus canorus

大杜鹃是典型的种间巢寄生鸟类，没有固定配偶，也不营巢和孵卵。它们通常将卵寄生在雀形目鸟类的巢中，由宿主父母照顾幼鸟。它们的宿主分布广泛。以寄生东方大苇莺为例：产卵时，大杜鹃雌鸟常常不顾宿主是否在巢，从附近高处滑翔接近鸟巢，驱赶寄主后迅速产卵飞走，其卵的颜色会随宿主卵的颜色而变化。

东方大苇莺

Acrocephalus orientalis

大杜鹃的幼鸟出壳后，即便眼睛尚未睁开，也会陆续将寄主的卵或幼鸟推出巢穴，以独享养父母带回的食物。

噪鹃幼鸟虽不会杀死寄主的雏鸟，但由于其体形较大、索食能力更强，寄主幼鸟通常难以与之争夺食物资源。

并非所有杜鹃科鸟类都是营寄生繁殖，即自己不孵蛋、不养宝宝，把蛋下到别的鸟类巢里，让宿主帮忙孵化和养育。例如杜鹃科鸦鹃属的褐翅鸦鹃，其雌雄亲鸟会轮流承担孵卵任务，并共同育雏。

宿主红嘴蓝鹊给噪鹃幼鸟喂食。

巢寄生并非杜鹃科鸟类的专属行为。例如，维达雀科的约20种鸟类均不筑巢，而是稳定地寄生在梅花雀科鸟类巢中，幼鸟由宿主喂养长大。其中，针尾维达雀的宿主主要是斑纹梅花雀、赤腰梅花雀等。

针尾维达雀

Vidua macroura

针尾维达雀的雌鸟潜入宿主巢中产卵。

斑纹梅花雀

Estrilda astrild

仔细观察这两只刚出生的雏鸟有什么区别。

左边是斑纹梅花雀，右边是针尾维达雀。

长大的针尾维达雀幼鸟离开宿主飞走。

帝企鹅

Aptenodytes forsteri

南极严寒的冬季冰原上，雌性帝企鹅在产卵过程中会消耗大量体能，极度饥饿，因此将孵卵的重任交给雄性帝企鹅。

雌企鹅吃饱喝足返回时，企鹅宝宝刚好出世。此时，雌企鹅从雄企鹅怀中接过幼崽，开始承担养育重任——

用嗉囊中储存的食物喂养宝宝。雄企鹅则终于得以离开，去补充体力。

待小企鹅长大一些，食量逐渐增大，企鹅爸妈便会共同外出觅食。小企鹅则聚集成群，等待父母归来。

雄性帝企鹅的两腿之间有一个育儿袋，与腹部紧密相连，袋上布满血管。育儿袋内的温度接近帝企鹅体温，这一恒温环境是卵顺利孵化的关键。

巴布亚企鹅

Pygoscelis papua

巴布亚企鹅以小石块或干草围成巢后，孵卵育雏。

早成雏和晚成雏

晚成雏鸟类出壳时发育尚不充分，体表没有绒羽或仅有稀疏绒羽，双眼无法睁开，需依赖亲鸟喂养长大，例如白头鹎。

早成雏鸟类出壳时体表已经覆盖了密密的绒羽，眼睛睁开。待绒羽晾干后，幼鸟就可以跟随亲鸟觅食了，例如鸳鸯。

繁衍是镌刻在生命体基因里的永恒密码，它驱动着生命的长河奔涌不息，也让自然界绽放出千姿百态的生物多样性。鸟儿的繁殖乐章尤为动人——求偶时的绚丽舞蹈如同自然舞台上的精妙歌剧，筑巢时的匠心独具恰似隐世的林间工匠，而育雏过程中那份细腻的守护，则宛如一首无声流淌的生命诗篇……这些充满惊奇的瞬间，吸引着无数鸟类爱好者化身自然的观察者，在枝叶间、晨昏里捕捉生命传承的微光。

愿你翻开书页时，能被这些美丽的飞羽精灵吸引，让好奇的种子在心中萌芽，永远保持对大自然的温柔注视与热忱探索。

需要了解的词汇

求偶

鸟类在繁殖期通过鸣叫、展示羽色或特殊行为追求异性、确立配偶关系的行为。

婚羽

繁殖季节鸟类（尤其是雄鸟）换上的色彩鲜艳的羽毛。通过视觉信号吸引异性，是求偶行为的重要组成部分。

筑巢

多数鸟类在繁殖期，于巢区内利用植物纤维、树枝、树叶、泥土、兽毛或鸟羽等材料，构建可固定鸟卵、便于亲鸟孵化及育雏的巢窝。

孵卵

鸟类产卵后，伏卧于卵上利用体温加热卵的行为，是胚胎发育为雏鸟的关键阶段。

作者简介

杜思凯

守望自然科普中心科普导师、观鸟达人，毕业于吉林农业大学野生动物与自然保护区管理专业，具有丰富的野外调研、动物饲养繁育和野生鸟类救助经验。江苏省科普作家协会会员、江苏省动物学会会员、国家动物博物馆特聘科普讲师。参与编写《江苏常见野生动物图鉴》《我们生活在长江》《极美钟山》等自然科普书籍，参与吉林省陆生脊椎动物调查、吉林省原麝调查及各地大山雀繁殖研究等活动。

韩永祥

小学美术老师、观鸟爱好者、插画师。“中国沿海水鸟同步调查项目”连云港调查员，“守护荒野”线上插画志愿者。致力于自然科学教育，创办墟沟小学“小胡萝卜观鸟社”并带领学生观鸟、画鸟。绘制的《鸟语四季》入选 2022 年度“中国最美的书”。